住房和城乡建设部标准定额研究所　　　　　　建设工程造价技术资料

市政工程消耗量

ZYA 1-31-2021

第九册　钢筋工程

SHIZHENG GONGCHENG XIAOHAOLIANG
DI-JIU CE GANGJIN GONGCHENG

中国计划出版社

北　京

图书在版编目（CIP）数据

市政工程消耗量：ZYA1-31-2021. 第九册，钢筋工程 / 住房和城乡建设部标准定额研究所组织编制. -- 北京：中国计划出版社，2022.2
ISBN 978-7-5182-1358-0

Ⅰ. ①市… Ⅱ. ①住… Ⅲ. ①市政工程－消耗定额－中国②配筋工程－消耗定额－中国 Ⅳ. ①TU723.34 ②TU755.3

中国版本图书馆CIP数据核字(2021)第217140号

责任编辑：沈　建　　封面设计：韩可斌
责任校对：杨奇志　谭佳艺　　责任印制：李　晨　赵文斌

中国计划出版社出版发行
网址：www.jhpress.com
地址：北京市西城区木樨地北里甲11号国宏大厦C座3层
邮政编码：100038　电话：（010）63906433（发行部）
北京市科星印刷有限责任公司印刷

880mm×1230mm　1/16　2.5印张　65千字
2022年2月第1版　2022年2月第1次印刷

定价：20.00元

前　言

工程造价是工程建设管理的重要内容。以人工、材料、机械消耗量分析为基础进行工程计价，是确定和控制工程造价的重要手段之一，也是基于成本的通用计价方法。长期以来，我国建立了以施工阶段为重点，涵盖房屋建筑、市政工程、轨道交通工程等各个专业的计价体系，为确定和控制工程造价、提高我国工程建设的投资效益发挥了重要作用。

随着我国工程建设技术的发展，新的工程技术、工艺、材料和设备不断涌现和应用，落后的工艺、材料、设备和施工组织方式不断被淘汰，工程建设中的人材机消耗量也随之发生变化。2020 年我部办公厅发布《工程造价改革工作方案》（建办标〔2020〕38 号），要求加快转变政府职能，优化概算定额、估算指标编制发布和动态管理，取消最高投标限价按定额计价的规定，逐步停止发布预算定额。为做好改革期间的过渡衔接，在住房和城乡建设部标准定额司的指导下，我所根据工程造价改革的精神，协调 2015 年版《房屋建筑与装饰工程消耗量定额》《市政工程消耗量定额》《通用安装工程消耗量定额》的部分主编单位、参编单位以及全国有关造价管理机构和专家，按照简明适用、动态调整的原则，对上述专业的消耗量定额进行了修订，形成了新的《房屋建筑与装饰工程消耗量》《市政工程消耗量》《通用安装工程消耗量》，由我所以技术资料形式印刷出版，供社会参考使用。

本次经过修订的各专业消耗量，是完成一定计量单位的分部分项工程人工、材料和机械用量，是一段时间内工程建设生产效率社会平均水平的反映。因每个工程项目情况不同，其设计方案、施工队伍、实际的市场信息、招投标竞争程度等内外条件各不相同，工程造价应当在本地区、企业实际人材机消耗量和市场价格的基础上，结合竞争规则、竞争激烈程度等参考选用与合理调整，不应机械地套用。使用本书消耗量造成的任何造价偏差由当事人自行负责。

本次修订中，各主编单位、参编单位、编制人员和审查人员付出了大量心血，在此一并表示感谢。由于水平所限，本书难免有所疏漏，执行中遇到的问题和反馈意见请及时联系主编单位。

住房和城乡建设部标准定额研究所

2021 年 11 月

总　说　明

一、《市政工程消耗量》(以下简称本消耗量),共分十一册,包括:

第一册　土石方工程

第二册　道路工程

第三册　桥涵工程

第四册　隧道工程

第五册　市政管网工程

第六册　水处理工程

第七册　生活垃圾处理工程

第八册　路灯工程

第九册　钢筋工程

第十册　拆除工程

第十一册　措施项目

二、本消耗量适用于城镇范围内的新建、扩建和改建市政工程。

三、本消耗量以国家和有关部门发布的国家现行设计规范、施工验收规范、技术操作规程、质量评定标准、产品标准和安全操作规程,现行工程量清单计价规范、计算规范和有关指标为依据编制,并参考了有关地区和行业标准、指标,以及典型工程设计、施工和其他资料。

四、本消耗量按正常施工工期和施工条件,考虑企业常规的施工工艺,合理的施工组织设计进行编制。

1. 设备、材料、成品、半成品、构配件完整无损,符合质量标准和设计要求,附有合格证书和试验记录。

2. 正常的气候、地理条件和施工环境。

五、本消耗量未包括的项目,可按其他相应工程消耗量计算,如仍有缺项的,应编制补充消耗量。

六、关于人工:

1. 本消耗量中的人工以合计工日表示,并分别列出普工、一般技工和高级技工的工日用量。

2. 本消耗量中的人工包括基本用工、超运距用工、辅助用工和人工幅度差。

3. 本消耗量中的人工每工日按 8 小时工作制计算。

4. 机械土石方、桩基础、构件运输及安装等工程,人工随机械产量计算的,人工幅度差按机械幅度差计算。

七、关于材料:

1. 本消耗量中的材料(包括构配件、零件、半成品、成品)均为符合国家质量标准和相应设计要求的合格产品。

2. 本消耗量中的材料包括施工中消耗的主要材料、辅助材料、周转材料和其他材料。

3. 本消耗量中的材料用量包括净用量和损耗量。损耗量包括:从工地仓库、现场集中堆放地点(或现场加工地点)至操作(或安装)地点的施工场内运输损耗、施工操作损耗、施工现场堆放损耗等,规范(设计文件)规定的预留量、搭接量不在损耗率中考虑。

4. 本消耗量中的混凝土、沥青混凝土、砌筑砂浆、抹灰砂浆及各种胶泥等均按半成品用量以体积(m^3)表示,混凝土按运至施工现场的预拌混凝土编制,砂浆按预拌砂浆编制,消耗量中的混凝土均按自然养护考虑。

5. 本消耗量中所使用的混凝土均按预拌混凝土编制,若实际采用现场搅拌混凝土浇捣时,人工、材料、机械具体调整如下:

(1)合计工日增加 4.125 工日 /10m^3,其中普工增加 1.237 工日 /10m^3,一般技工增加 2.888 工日 /10m^3。

（2）水增加 0.38m^3/10m^3。

（3）双锥反转出料混凝土搅拌机（500L）增加 0.3 台班 /10m^3。

6. 本消耗量中所使用的砂浆均按干混预拌砂浆编制，若实际使用现拌砂浆或湿拌预拌砂浆时，按以下方法调整：

（1）使用现拌砂浆的，除将干混预拌砂浆调换为现拌砂浆外，砌筑项目按每立方米砂浆增加：一般技工 0.382 工日、200L 灰浆搅拌机 0.167 台班，同时，扣除原干混砂浆罐式搅拌机台班；其余项目按每立方米砂浆增加一般技工 0.382 工日，同时，将原干混砂浆罐式搅拌机调换为 200L 灰浆搅拌机，台班含量不变。

（2）使用湿拌预拌砂浆的，除将干混预拌砂浆调换为湿拌预拌砂浆外，另按相应项目中每立方米砂浆扣除人工 0.20 工日，并扣除干混砂浆罐式搅拌机台班数量。

7. 本消耗量中的周转性材料按不同施工方法，不同类别、材质，计算出一次摊销量进入消耗量。

8. 本消耗量中的用量少、低值易耗的零星材料，列为其他材料。

八、关于机械：

1. 本消耗量中的机械按常用机械、合理机械配备和施工企业的机械化装备程度，并结合工程实际综合确定。

2. 本消耗量的机械台班用量是按正常机械施工工效并考虑机械幅度差综合取定的。

3. 凡单位价值 2 000 元以内、使用年限在一年以内的不构成固定资产的施工机械，不列入机械台班消耗量，作为工具用具在建筑安装工程费中的企业管理费考虑，其消耗的燃料动力等列入材料。

九、本消耗量中的工作内容已说明了主要的施工工序，次要工序虽未说明，但已包括在内。

十、施工与生产同时进行、在有害身体健康的环境中施工时的降效增加费，本消耗量未考虑，发生时另行计算。

十一、本消耗量适用于海拔 2 000m 以下地区，超过上述情况时，可以采用由各地区、部门结合高原地区的特殊情况自行制定的调整办法。

十二、本消耗量中注有“× × 以内”或“× × 以下”及“小于”者，均包括 × × 本身；注有“× × 以外”或“× × 以上”及“大于”者，则不包括 × × 本身。

说明中未注明（或省略）尺寸单位的宽度、厚度、断面等，均以“mm”为单位。

十三、凡本说明未尽事宜，详见各册、各章说明和附录。

册 说 明

一、第九册《钢筋工程》(以下简称本册),包括普通钢筋、预应力钢筋和钢筋运输,共三章。

二、本册适用范围:

1. 道路工程;

2. 桥涵工程;

3. 隧道工程;

4. 市政管网工程;

5. 水处理工程;

6. 生活垃圾处理工程。

三、本册编制依据:

1.《市政工程工程量计算规范》GB 50857—2013;

2.《市政工程消耗量定额》ZYA 1-31-2015;

3. 相关省、市、行业现行的市政预算定额及基础资料。

四、隧道工程采用本消耗量项目时,人工、机械消耗量应乘以系数 1.20。

五、预应力构件中的非预应力钢筋执行普通钢筋相应项目。

六、现场钢筋运距 150m 以内的水平运输包含在项目中,运距超过 150m 或加工的钢筋由附属工厂至工地的水平运输应另列项,执行钢筋水平运输项目。

七、以设计地坪为界(无设计地坪以自然地面为界),± 3.00m 以内构筑物不计垂直运输费。超过 +3.00m 的构筑物,± 0.00m 以上部分钢筋全部计算垂直运输费;低于 -3.00m 以下构筑物,± 0.00m 以下部分钢筋全部计算垂直运输费。

八、现浇构件和预制构件均执行本册。

九、地下连续墙钢筋笼制作执行本册第一章“普通钢筋”相应项目,地下连续墙钢筋制作平台费用按经批准的施工组织设计计算。

十、凡本册说明未尽事宜,详见各章说明。

目　录

第一章　普通钢筋

第二章　预应力钢筋

第三章　钢筋运输

第一章 普 通 钢 筋

说　　明

一、本章包括普通钢筋、钢筋连接和铁件、拉杆、植筋等项目。

二、钢筋工作内容包括制作、绑扎、安装以及浇灌混凝土时维护钢筋用工。

三、现场构件中双层钢筋用"铁马"(钢筋、型钢)、伸出构件的锚固钢筋、预制构件的吊筋、固定位置的支撑钢筋和设计标明的搭接钢筋应区别种类和规格执行相应项目。当采用其他材料时,另行计算。

四、普通钢筋未包括冷拉、冷拔,当设计要求冷拉、冷拔时,费用另行计算。

五、传力杆按 ϕ22 编制,当实际不同时,人工和机械消耗量应按下表系数调整。

调 整 系 数

传力杆直径(mm)	ϕ28	ϕ25	ϕ22	ϕ20	ϕ18	ϕ16
调整系数	0.62	0.78	1.00	1.21	1.49	1.89

六、植筋增加费工作内容包括钻孔和装胶。钢筋埋深按以下规定计算:

1. 钢筋直径规格为 20mm 以下,按钢筋直径的 15 倍计算,并大于或等于 100mm。

2. 钢筋直径规格为 20mm 以上,按钢筋直径的 20 倍计算。

当设计埋深长度与消耗量取定不同时,消耗量中的人工和材料综合考虑,不予调整。

植筋用钢筋的制作、安装,执行普通钢筋相应项目。

七、钢筋挤压套筒消耗量按成品编制。当实际为现场加工时,挤压套筒按加工铁件予以换算,套筒质量可参考下表计算。

套 筒 质 量

规格	ϕ22	ϕ25	ϕ28	ϕ32
质量(kg/个)	0.62	0.78	1.00	1.21

注: 表内套筒内径按钢筋规格加 2mm、壁厚 8mm、长 300mm 计算质量。当不同时,质量予以调整。

八、混凝土灌注桩钢筋笼吊焊和安放、地下连续墙钢筋笼安放项目,不包括钢筋笼制作。

九、措施钢筋应区别种类和规格执行相应项目。当采用其他材料时,另行计算。

十、砌体内加固钢筋执行建筑工程相应项目。

十一、预埋螺栓执行建筑工程相应项目。

工程量计算规则

一、钢筋工程量应区别不同钢筋种类和规格，分别按设计长度乘以单位理论质量计算。

二、电渣压力焊接、套筒挤压、直螺纹接头按设计图示个数计算，不再计算该处钢筋搭接长度。

三、铁件、拉杆、传力杆按设计图示质量计算。

四、植筋增加费按个数计算，植入钢筋按外露和植入部分长度之和乘以单位理论质量计算。

五、现场构件中双层钢筋用“铁马”（钢筋、型钢）、伸出构件的锚固钢筋、预制构件的吊筋、固定位置的支撑钢筋、设计标明的搭接钢筋和措施钢筋等应按设计图示或施工规范计算。设计图示或施工规范未标明的，不另计算。

六、钢筋的搭接（接头）数量应按设计图示或施工规范计算，设计图示或施工规范未标明的，按以下规定计算：

1. ϕ10 以内（含 ϕ10）的长钢筋按每 12m 计算一个搭接（接头）。

2. ϕ10 以上的长钢筋按每 9m 计算一个搭接（接头）。

七、混凝土灌注桩钢筋笼制作、安放、吊焊均按设计图示质量计算。

八、地下连续墙钢筋笼制作、安放均按设计图示质量计算。

一、普通钢筋

1.圆　　钢

工作内容：调直、切断、弯曲成型、绑扎、安装等。　　　　计量单位：t

编　　号				9-1-1	9-1-2	9-1-3
项　　目				圆钢 直径（mm 以内）		
				10	18	22
名　　称			单位	消　耗　量		
人工	合计工日		工日	8.613	5.746	4.279
	其中	普工	工日	2.498	1.666	1.241
		一般技工	工日	6.115	4.080	3.038
材料	HPB300 ϕ10 以内		kg	1 020.000	—	—
	HPB300 ϕ12~18		kg	—	1 025.000	—
	HPB300 ϕ20~25		kg	—	—	1 025.000
	镀锌铁丝 ϕ0.7		kg	11.025	6.685	4.675
	低碳钢焊条（综合）		kg	—	2.780	2.780
机械	钢筋调直机 14mm		台班	0.453	—	—
	钢筋切断机 40mm		台班	0.162	0.101	0.090
	钢筋弯曲机 40mm		台班	0.393	0.319	0.236
	直流弧焊机 32kV·A		台班	—	0.330	0.330
	电焊条烘干箱 45×35×45（cm^3）		台班	—	0.033	0.033

2. 带 肋 钢 筋

工作内容：调直、切断、弯曲成型、绑扎、安装等。　　**计量单位：**t

编号				9-1-4	9-1-5	9-1-6	9-1-7
项目				带肋钢筋 直径（mm 以内）			
				10	18	25	40
名称			单位	消耗量			
人工	合计工日		工日	7.144	6.152	4.187	3.434
	其中	普工	工日	2.072	1.784	1.214	0.996
		一般技工	工日	5.072	4.368	2.973	2.438
材料	钢筋 HRB400 以内 ϕ10 以内		kg	1 020.000	—	—	—
	钢筋 HRB400 以内 ϕ12~18		kg	—	1 025.000	—	—
	钢筋 HRB400 以内 ϕ20~25		kg	—	—	1 025.000	—
	钢筋 HRB400 以内 ϕ25 以上		kg	—	—	—	1 025.000
	镀锌铁丝 ϕ0.7		kg	9.800	6.685	4.423	3.500
	低碳钢焊条（综合）		kg	—	2.780	2.780	—
机械	钢筋调直机 40mm		台班	0.270	—	—	—
	钢筋切断机 40mm		台班	0.133	0.101	0.088	0.083
	钢筋弯曲机 40mm		台班	0.393	0.319	0.207	0.148
	直流弧焊机 32kV·A		台班	—	0.330	0.330	—
	电焊条烘干箱 45×35×45（cm^3）		台班	—	0.033	0.033	—

3. 冷轧扭钢筋

工作内容：调直、切断、弯曲成型、绑扎、安装等。　　　　**计量单位：**t

编号				9-1-8	9-1-9	9-1-10
项目				冷轧扭钢筋 直径(mm)		
				8 以内	10	12
名称			单位	消耗量		
人工	合计工日		工日	10.249	7.528	6.306
	其中	普工	工日	2.972	2.183	1.829
		一般技工	工日	7.277	5.345	4.477
材料	冷轧扭钢筋 $\phi8$		kg	1 020.000	—	—
	冷轧扭钢筋 $\phi10$		kg	—	1 020.000	—
	冷轧扭钢筋 $\phi12$		kg	—	—	1 025.000
	镀锌铁丝 $\phi0.7$		kg	13.382	9.800	8.170
机械	钢筋调直机 14mm		台班	0.493	0.437	—
	钢筋切断机 40mm		台班	0.233	0.133	0.113
	钢筋弯曲机 40mm		台班	0.787	0.393	0.334

4. 箍　筋

工作内容：调直、切断、弯曲成型、绑扎、安装等。　　　　**计量单位：**t

编号				9-1-11	9-1-12	9-1-13
项目				箍筋 直径(mm)		
				8 以内	10	12
名称			单位	消耗量		
人工	合计工日		工日	18.126	10.677	7.760
	其中	普工	工日	5.257	3.096	2.250
		一般技工	工日	12.869	7.581	5.510
材料	HPB300 $\phi8$		kg	1 020.000	—	—
	HPB300 $\phi10$		kg	—	1 020.000	—
	HPB300 $\phi12$		kg	—	—	1 025.000
	镀锌铁丝 $\phi0.7$		kg	11.548	5.640	4.620
机械	电动单筒快速卷扬机 5kN		台班	0.347	0.300	0.280
	钢筋切断机 40mm		台班	0.209	0.120	0.090
	钢筋弯曲机 40mm		台班	0.738	0.850	0.650

5. 钢筋笼、地连墙及钢筋网片

工作内容：除锈、调直、切断、弯曲成型、安装、焊接（绑扎）等。　　　　**计量单位：**t

编号				9-1-14	9-1-15	9-1-16
项目				混凝土灌注桩钢筋笼		钢筋网片
				圆钢	带肋钢筋	
名称			单位	消耗量		
人工	合计工日		工日	4.565	4.425	8.775
	其中	普工	工日	1.370	1.328	2.632
		一般技工	工日	2.739	2.654	5.265
		高级技工	工日	0.456	0.443	0.878
材料	圆钢 综合		kg	1 020.000	—	—
	钢筋 综合		kg	—	1 025.000	—
	钢筋网片		t	—	—	1.030
	低合金钢焊条 E43 系列		kg	—	6.720	—
	镀锌铁丝 ϕ0.7		kg	9.597	3.373	—
	其他材料费		%	2.00	2.00	2.00
机械	钢筋调直机 14mm		台班	0.290	—	0.230
	钢筋切断机 40mm		台班	0.130	0.100	0.120
	钢筋弯曲机 40mm		台班	0.420	0.140	—
	轮胎式起重机 16t		台班	0.180	0.180	—
	直流弧焊机 32kV·A		台班	—	0.560	—
	对焊机 75kV·A		台班	—	0.110	—
	点焊机 75kV·A		台班	—	—	1.070
	电焊条烘干箱 45×35×45（cm^3）		台班	—	0.056	—

工作内容：绑扎泡沫塑料并试拼装，吊运入槽、校正对接，就位固定。

编　　号				9-1-17	9-1-18	9-1-19	9-1-20	9-1-21	9-1-22
项　　目				混凝土灌注桩		地下连续墙钢筋笼安放深度（m）			
				钢筋笼接头吊焊（搭接焊）	钢筋笼安放	15 以内	25 以内	35 以内	35 以外
				t	10t				
名　　称			单位	消　耗　量					
人工	合计工日		工日	1.085	3.860	17.709	17.892	18.535	19.179
	其中	普工	工日	0.217	0.772	3.542	3.578	3.707	3.836
		一般技工	工日	0.868	3.088	14.167	14.314	14.828	15.343
材料	镀锌铁丝 ϕ0.7		kg	—	—	10.000	10.000	10.000	10.000
	低碳钢焊条（综合）		kg	—	—	10.100	12.100	12.700	13.300
	硬泡沫塑料板		m^3	—	—	0.150	0.150	0.150	0.150
	低合金钢焊条 E43 系列		kg	4.710	—	—	—	—	—
机械	交流弧焊机 40kV·A		台班	0.790	—	—	—	—	—
	汽车式起重机 12t		台班	0.320	1.066	—	—	—	—
	履带式起重机 15t		台班	—	—	0.400	—	—	—
	履带式起重机 40t		台班	—	—	—	0.500	—	—
	履带式起重机 60t		台班	—	—	—	—	0.600	0.700
	直流弧焊机 32kV·A		台班	—	—	1.199	1.436	1.508	1.580
	电焊条烘干箱 45×35×45（cm^3）		台班	—	—	0.120	0.144	0.151	0.158

二、钢 筋 连 接

1. 电渣压力焊

工作内容：校正、对接、熔焊、清理。　　　　**计量单位：**10 个接头

编　　号				9-1-23	9-1-24
项　　目				电渣压力焊 直径（mm）	
				14~18	20~32
名　　称			单位	消　耗　量	
人工	合计工日		工日	0.145	0.172
	其中	普工	工日	0.042	0.050
		一般技工	工日	0.103	0.122
材料	焊剂		kg	0.200	0.300
	石棉垫		kg	0.100	0.100
机械	电渣焊机 1 000A		台班	0.060	0.070

2.套 筒 连 接

工作内容:钢筋连接套筒一端在加工棚挤压,另一端在施工作业点连接。 **计量单位**:100 个

编 号			9-1-25	9-1-26	9-1-27	9-1-28
项 目			钢筋挤压套筒连接 直径(mm)			
			22	25	28	32
名 称		单位	消 耗 量			
人工	合计工日	工日	2.563	2.563	2.743	2.743
	其中 普工	工日	0.743	0.743	0.795	0.795
	其中 一般技工	工日	1.820	1.820	1.948	1.948
材料	挤压套筒 ϕ22	个	101.000	—	—	—
	挤压套筒 ϕ25	个	—	101.000	—	—
	挤压套筒 ϕ28	个	—	—	101.000	—
	挤压套筒 ϕ32	个	—	—	—	101.000
机械	高压油泵 80MPa	台班	1.670	1.670	1.670	1.670

工作内容:1. 钢筋墩头、套丝加工、加工后拧紧一端连接套,另一端戴保护帽。
2. 现场取出保护帽将待连接钢筋紧固连接。 **计量单位**:100 个

编 号			9-1-29	9-1-30	9-1-31	9-1-32
项 目			直螺纹套筒接头 直径(mm)			
			22	25	28	32
名 称		单位	消 耗 量			
人工	合计工日	工日	3.402	3.402	3.631	3.631
	其中 普工	工日	0.986	0.986	1.053	1.053
	其中 一般技工	工日	2.416	2.416	2.578	2.578
材料	直螺纹连接套筒 ϕ22	个	101.000	—	—	—
	直螺纹连接套筒 ϕ25	个	—	101.000	—	—
	直螺纹连接套筒 ϕ28	个	—	—	101.000	—
	直螺纹连接套筒 ϕ32	个	—	—	—	101.000
	调和漆	kg	1.000	1.000	1.000	1.000
	尼龙帽 ϕ1.5	个	200.000	200.000	200.000	200.000
机械	螺栓套丝机 39mm	台班	1.800	2.100	2.400	2.700
	钢筋镦粗机 4kW	台班	0.500	0.500	0.500	0.500

三、铁件、拉杆、植筋

1.铁　　件

工作内容：铁件定位、埋设、安装、焊接固定。　　　　**计量单位：**t

编　　号			9-1-33	9-1-34	9-1-35
项　　目			铁件制作、安装		
			预埋铁件	止水螺杆	T 形梁连接板
名　　称		单位	消　耗　量		
人工	合计工日	工日	14.186	16.052	20.218
	其中 普工	工日	4.114	4.655	5.863
	其中 一般技工	工日	10.072	11.397	14.355
材料	中厚钢板 δ15 以内	kg	673.000	—	—
	中厚钢板 δ15 以外	kg	—	—	1 060.000
	HPB300 ϕ10 以内	kg	243.000	—	—
	型钢（综合）	kg	139.000	—	—
	HPB300 ϕ20 以内	kg	—	1 040.000	—
	低碳钢焊条（综合）	kg	29.130	11.580	208.300
	氧气	m^3	10.600	—	30.470
	乙炔气	kg	4.077	—	11.719
	汽油 $70^{\#}$~$90^{\#}$	kg	—	3.090	—
机械	钢筋切断机 40mm	台班	0.060	0.080	—
	直流弧焊机 32kV·A	台班	4.110	1.634	34.600
	电焊条烘干箱 45×35×45（cm^3）	台班	0.411	0.163	3.460

2. 桥梁拉杆

工作内容：制作、防腐处理、张拉、放张、切断等。 **计量单位：**t

编号				9-1-36	9-1-37	9-1-38
项目				拉杆 直径(mm)		
				20 以内	40 以内	40 以外
名称			单位	消耗量		
人工	合计工日		工日	36.336	19.310	7.618
	其中	普工	工日	10.538	5.600	2.209
		一般技工	工日	25.798	13.710	5.409
材料	HRB335 ϕ20 以内		kg	1 040.000	—	—
	HRB335 ϕ40 以内		kg	—	1 060.000	—
	HRB335 ϕ40 以外		kg	—	—	1 060.000
	型钢(综合)		kg	27.000	27.000	15.000
	石油沥青 30#		kg	1 248.000	621.000	418.000
	防锈漆		kg	13.420	6.680	4.490
	麻布		kg	20.540	10.230	6.880
	煤		kg	125.000	62.000	42.000
	低碳钢焊条(综合)		kg	11.850	12.650	13.670
	氧气		m^3	1.472	0.546	0.354
	乙炔气		kg	0.566	0.210	0.136
	木柴		kg	12.480	6.620	4.180
机械	直流弧焊机 32kV·A		台班	4.010	2.340	1.700
	电焊条烘干箱 45×35×45(cm^3)		台班	0.401	0.234	0.170

3. 路面传力杆及拉杆

工作内容：钢筋解捆、除锈、防腐处理、调直、下料、弯曲、焊接、除渣、绑扎成型、运输入模。 **计量单位：**t

编号				9-1-39	9-1-40	9-1-41
项目				道路传力杆制作与安装		道路拉杆制作与安装
				带套筒	不带套筒	
名称			单位	消耗量		
人工	合计工日		工日	7.918	6.389	5.057
	其中	普工	工日	2.296	1.853	1.467
		一般技工	工日	5.622	4.536	3.590
材料	HPB300 ϕ22		kg	1 025.000	1 025.000	—
	HRB400 ϕ16		kg	—	—	1 025.000
	底漆		kg	5.540	—	—
	汽油 $70^{\#}$~$90^{\#}$		kg	2.670	—	—
	石油沥青 $10^{\#}$		kg	75.130	—	—
	滑石粉		kg	33.110	—	—
	煤		kg	12.000	—	—
	木柴		kg	2.870	—	—
	塑料管		m	70.350	—	—
机械	钢筋切断机 40mm		台班	0.640	0.640	0.640

4. 植筋增加费

工作内容: 孔点测定、钻孔、矫正、清理、钢筋打磨、装胶、养护等工作。　　**计量单位:** 100 个

编　　号				9-1-42	9-1-43	9-1-44	9-1-45	9-1-46
项　　目				钢筋植筋增加费 直径(mm 以内)				
				10	14	18	25	40
名　　称			单位	消　耗　量				
人工	合计工日		工日	1.803	3.469	7.123	17.604	39.680
	其中	普工	工日	0.523	1.006	2.066	5.105	11.507
		一般技工	工日	1.281	2.463	5.057	12.499	28.173
材料	强力植筋胶		L	1.179	2.635	5.851	16.900	37.944
	电		kW·h	18.386	30.020	67.186	179.920	311.855
	合金钢钻头 $\phi14$		个	2.900	—	—	—	—
	合金钢钻头 $\phi16$~20		个	—	2.900	—	—	—
	合金钢钻头 $\phi22$~26		个	—	—	3.800	—	—
	合金钢钻头 $\phi28$~34		个	—	—	—	3.800	6.300

第二章　预应力钢筋

说　　明

一、本章包括低合金预应力钢筋和预应力钢绞线项目。

二、预应力钢筋项目未包括时效处理，设计要求时效处理时，费用另行计算。

三、后张法预应力钢筋孔道成型钢管包含在相应项目中，预应力钢绞线孔道成型执行相应项目。

四、后张法预应力钢筋项目中已包含锚具。后张法预应力钢绞线张拉项目中未包含锚具，锚具按设计数量增列。锚具安装的费用已包含在项目中，不再另行计算。

五、固定钢绞线的钢筋包含在钢绞线制作、安装项目中。若设计有要求按设计要求计算，设计无要求执行相应项目。

六、孔道注浆项目按素水泥浆计算，若设计注浆材料不同时可调整。

七、预应力钢绞线用锚板按加工铁件另计。

八、有黏结钢绞线张拉项目，扣除穴模消耗量。

九、单端张拉或双端张拉应按设计规定确定，如设计未规定，可按以下规则执行：

1. 直线 20m 以内的，执行单端张拉。

2. 直线 20m 以上和曲线的，均执行双端张拉。

工程量计算规则

一、预应力钢筋应区别不同钢筋种类和规格，分别按规定长度乘以单位理论质量计算。

二、先张法钢筋长度按构件外形尺寸长度计算。

三、后张法钢筋按设计图示的预应力钢筋孔道长度，并区别不同锚具类型，分别按下列规定计算：

1. 低合金钢筋两端采用螺杆锚具时，预应力钢筋按孔道长度共减少 0.35m 计算，螺杆按加工铁件另列项计算。

2. 低合金钢筋一端采用镦头插片，另一端螺杆锚具时，预应力钢筋长度按预留孔道长度计算，螺杆按加工铁件另行列项计算。

3. 低合金钢筋一端采用镦头插片，另一端采用帮条锚具时，预应力钢筋按孔道长度增加 0.15m 计算，两端均采用帮条锚具时，预应力钢筋按共增加 0.3m 计算。

4. 低合金钢筋采用后张混凝土自锚时，预应力钢筋按长度增加 0.35m 计算。

四、钢绞线采用 JM、XM、OVM、QM 型锚具，孔道长度在 20m 以内（包含 20m）时，预应力钢绞线增加 1m；孔道长度在 20m 以上时，预应力钢绞线增加 1.8m。

五、预应力构件孔道成孔和孔道灌浆按孔道长度计算。

六、后张法预应力钢绞线张拉应区分单根设计长度，按图示根数计算。

七、无黏结预应力钢绞线端头封闭，按图示张拉端头个数计算。

八、临时钢丝束拆除按设计图示质量计算。

一、低合金预应力钢筋

1. 先　张　法

工作内容： 制作、张拉、放张、切断等。　　**计量单位：** t

				9-2-1	9-2-2	9-2-3	9-2-4	9-2-5
编　号				9-2-1	9-2-2	9-2-3	9-2-4	9-2-5
项　目				先张法预应力钢筋 直径（mm 以内）				
				5	12	16	20	22
名　称			单位	消　耗　量				
人工	合计工日		工日	11.441	5.922	5.195	4.511	3.291
	其中	普工	工日	2.288	1.184	1.039	0.902	0.658
		一般技工	工日	9.153	4.738	4.156	3.609	2.633
材料	钢丝 ϕ5 以内		kg	1 040.000	—	—	—	—
	钢筋 HRB400 以内 ϕ12 以内		kg	—	1 040.000	—	—	—
	钢筋 HRB400 以内 ϕ16 以内		kg	—	—	1 040.000	—	—
	钢筋 HRB400 以内 ϕ18~20		kg	—	—	—	1 040.000	—
	钢筋 HRB400 以内 ϕ20 以上		kg	—	—	—	—	1 040.000
	张拉机具		kg	39.610	46.600	30.315	18.805	13.930
	冷拉机具及其他材料		kg	—	45.000	29.280	18.165	13.460
	水		m^3	—	0.900	0.715	0.575	0.520
机械	钢筋切断机 40mm		台班	0.080	0.080	0.080	0.080	0.070
	预应力钢筋拉伸机 650kN		台班	1.580	0.720	0.675	0.570	0.500
	钢筋调直机 14mm		台班	0.750	—	—	—	—
	电动单筒慢速卷扬机 50kN		台班	—	0.750	0.635	0.570	0.530
	对焊机 75kV·A		台班	—	0.560	0.445	0.355	0.320

2.后 张 法

工作内容：制作、穿筋、张拉、孔道灌浆、锚固、放张、切断等。 **计量单位：**t

编号				9-2-6	9-2-7	9-2-8	9-2-9	9-2-10
项目				后张法预应力钢筋 直径（mm 以内）				
				16	20	25	32	40
名称			单位	消耗量				
人工	合计工日		工日	13.285	9.526	7.623	6.146	5.061
	其中	普工	工日	2.657	1.905	1.525	1.229	1.012
		一般技工	工日	10.628	7.621	6.098	4.917	4.049
材料	钢筋 HRB400 以内 ϕ16 以内		kg	1 040.000	—	—	—	—
	钢筋 HRB400 以内 ϕ18~20		kg	—	1 040.000	—	—	—
	钢筋 HRB400 以上 ϕ20~25		kg	—	—	1 040.000	—	—
	钢筋 HRB400 以上 ϕ25 以上		kg	—	—	—	1 040.000	1 040.000
	孔道成型钢管		kg	80.170	51.350	36.080	24.500	13.495
	张拉锚具及其他材料		kg	91.800	58.800	57.050	32.100	19.500
	冷拉设备摊销		kg	137.700	88.200	46.490	32.455	19.125
	素水泥浆		m^3	1.620	1.053	0.740	0.475	0.275
	水		m^3	0.630	0.520	0.448	0.555	0.630
	其他材料费		%	2.00	2.00	2.00	2.00	2.00
机械	电动单筒慢速卷扬机 50kN		台班	0.640	0.600	0.550	0.490	0.425
	灰浆搅拌机 200L		台班	1.780	1.140	0.800	0.510	0.300
	挤压式灰浆输送泵 $3m^3/h$		台班	1.780	1.140	0.800	0.510	0.300
	钢筋切断机 40mm		台班	0.080	0.080	0.080	0.080	0.085
	预应力钢筋拉伸机 650kN		台班	1.730	1.010	0.760	0.495	0.270
	对焊机 75kV·A		台班	0.390	0.320	0.280	0.365	0.370

3.临时钢丝束拆除

工作内容：拆除、切割钢丝（束）、封锚等。 **计量单位：**t

编号				9-2-11
项目				临时钢丝束拆除
名称			单位	消耗量
人工	合计工日		工日	14.955
	其中	普工	工日	2.991
		一般技工	工日	11.964

二、预应力钢绞线

1. 孔道成型、钢绞线制作与安装

工作内容： 1. 孔道成型波纹管：波纹管、三通制作与安装、固定；孔道成型胶管：胶管充水、安放定位、抽拔清洗。
2. 有黏结钢绞线制作与安装：钢绞线切断、穿管、安装。
3. 无黏结预应力钢绞线（包括涂包）下料，安放绑扎等。

编　号				9-2-12	9-2-13	9-2-14	9-2-15	9-2-16
项　目				钢绞线				有黏结钢绞线
				孔道成型		制作与安装		孔道注浆
				波纹管	胶管	有黏结	无黏结	
				100m		t		100m
名　称			单位	消　耗　量				
人工	合计工日		工日	5.890	3.150	14.511	12.804	1.366
	其中	普工	工日	1.178	0.630	2.902	2.561	0.273
		一般技工	工日	4.712	2.520	11.609	10.243	1.093
材料	波纹管 ϕ50		m	108.140	—	—	—	—
	胶管 D50		m	—	2.040	—	—	—
	木模板		m^3	—	—	0.113	0.113	—
	其他铁件		kg	—	—	48.790	11.190	—
	钢绞线涂包费		kg	—	—	—	1 040.000	—
	钢绞线（综合）		kg	—	—	1 040.000	1 040.000	—
	胶带纸		卷	—	—	—	10.260	—
	砂轮片（综合）		片	—	—	10.300	10.300	—
	建筑脂（无黏结预应力）		kg	—	—	—	2.100	—
	水		m^3	—	—	—	—	1.000
	素水泥浆		m^3	—	—	—	—	0.206
	其他材料费		%	2.00	2.00	2.00	2.00	2.00
机械	灰浆搅拌机 200L		台班	—	—	—	—	0.150
	挤压式灰浆输送泵 $3m^3/h$		台班	—	—	—	—	0.150

2. 张拉、端头封闭

工作内容: 1. 预应力钢绞线的锚具安放、钢绞线张拉。
2. 无黏结预应力钢绞线端头封闭。

编号				9-2-17	9-2-18	9-2-19
项目				后张法预应力有黏结和无黏结钢绞线张拉		无黏结预应力钢绞线
				单端张拉	双端张拉	端头封闭
				100 根		100 个
名称			单位	消耗量		
人工	合计工日		工日	15.365	19.206	6.829
	其中	普工	工日	3.073	3.841	1.366
		一般技工	工日	12.292	15.365	5.463
材料	穴模 后张法用		套	204.000	204.000	—
	工具锚		套	0.200	0.200	—
	白铝粉		kg	—	—	4.900
	杉木板枋材		m^3	—	—	0.044
	环氧砂浆 1∶0.07∶2∶4		m^3	—	—	0.003
	现浇混凝土 C20		m^3	—	—	0.200
	其他材料费		%	2.00	2.00	2.00
机械	预应力钢筋拉伸机 650kN		台班	4.000	5.000	—
	高压油泵 50MPa		台班	4.000	5.000	—

第三章　钢 筋 运 输

说　　明

一、本章包括水平及垂直运输项目，该项目适用于半成品钢筋的水平及垂直运输。
二、场外运输适用于施工企业因施工场地限制，租用施工场地加工钢筋的情况。
三、钢筋场内水平运输项目已综合考虑，运输方式不同时不得调整。
四、垂直运输按 20m 以内考虑，超过 20m 时，各省自行确定。

工程量计算规则

钢筋水平及垂直运输均按设计图示质量计算。

水平及垂直运输

工作内容：1. 水平运输：附属加工厂加工钢筋装车、运输、施工现场卸车。

2. 垂直运输。

计量单位：10t

编号		9-3-1	9-3-2	9-3-3	9-3-4
项目		加工钢筋 运输			
		水平运输			垂直运输
		场外运输		场内运输	
		运距			
		1km	每增加 1km	500m 内 每增加 50m	
名称	单位	消耗量			
人工 合计工日	工日	1.523	—	0.171	1.708
人工 其中 普工	工日	0.305	—	0.171	0.342
人工 其中 一般技工	工日	1.218	—	—	1.366
机械 载重汽车 8t	台班	0.392	0.050	0.002	—
机械 汽车式起重机 12t	台班	—	—	—	0.550

主编单位：湖北省建设工程标准定额管理总站

专业主编单位：湖北省建设工程标准定额管理总站

参编单位：中建三局基础设施建设投资有限公司

武汉市市政建设集团有限公司

武汉市汉阳市政建设集团有限公司

计价依据编制审查委员会综合协商组：胡传海　王海宏　吴佐民　王中和　董士波

冯志祥　褚得成　刘中强　龚桂林　薛长立

杨廷珍　汪亚峰　蒋玉翠　汪一江

计价依据编制审查委员会专业咨询组：杨廷珍　汪一江　潘卓强　杜浐阳　庞宗琨

王　梅　高雄映

编制人员：刘中强　朱杰峰　柯经安　潘卓强　彭　博　梅耀辉　张　雪　李　俊

唐汉高　康馨蕊　陈　帆　孙　帆　王　敏　王豫婉　徐梦熊　王书鹏

审查专家：龚桂林　汪亚峰　王兆健　孙　璐　徐佩莹　熊淑芳　徐作民

软件支持单位：成都鹏业软件股份有限公司

软件操作人员：杜　彬　赖勇军　可　伟　孟　涛